BEI GRIN MACHT SICH IHR WISSEN BEZAHLT

- Wir veröffentlichen Ihre Hausarbeit,
  Bachelor- und Masterarbeit

- Ihr eigenes eBook und Buch -
  weltweit in allen wichtigen Shops

- Verdienen Sie an jedem Verkauf

Jetzt bei www.GRIN.com hochladen
und kostenlos publizieren

Bibliografische Information der Deutschen Nationalbibliothek:

Die Deutsche Bibliothek verzeichnet diese Publikation in der Deutschen National-
bibliografie; detaillierte bibliografische Daten sind im Internet über http://dnb.d-
nb.de/ abrufbar.

Impressum:

Copyright © 2018 GRIN Verlag
Druck und Bindung: Books on Demand GmbH, Norderstedt Germany
ISBN: 9783668814998

Dieses Buch bei GRIN:

https://www.grin.com/document/432966

Michael Mauß

Desertec. Neokolonialismus oder Entwicklungshilfe für Nordafrika?

GRIN Verlag

Desertec –
Neokolonialismus oder Entwicklungshilfe für Nordafrika?

eingereicht von: Michael Mauß

Fach: Schüler-Ingenieur-Akademie, Theodor-Heuss-Gymnasium

eingereicht am: 25. Mai 2018

Inhaltsverzeichnis

1. Einleitung

„Sonnenenergie ist die Zukunft - im Kleinen wie im Großen"[1] (Georges T. Ross, Zukunftsforscher). Neben Wasserkraft, Windkraft, Biothermie oder Geothermie ist die Sonnenenergie eine zukunftsträchtige Energiequelle mit großem Potenzial.[2] „Die Wüsten der Erde erhalten in 6 Stunden mehr Energie von der Sonne, als die Menschheit in einem Jahr verbraucht"[3] (Dr. Gerhard Knies, Desertec-Vordenker). Die Wüstenregion in Nordafrika verspricht eine besonders effektive Nutzung der Sonnenenergie, welche unter dem Projektnamen "Desertec" in Form von Solarthermie-Anlagen unter der Schirmherrschaft von Europa in die Wege geleitet werden soll.

Eines der größten Probleme der Menschheit ist, neben der unaufhaltsam wirkenden, steigenden Bevölkerungszahl, der damit einhergehende, stetig steigende Energiebedarf der Weltbevölkerung (siehe Abbildung 1). Die Verdopplung des globalen Energieverbrauchs innerhalb der letzten 40 Jahre (siehe Abbildung 1) treibt den Schadstoffausstoß – besonders von CO_2[4] – in die Höhe, weshalb versucht wird, immer weniger Energie aus fossilen und immer mehr aus regenerativen Energieträgern zu gewinnen.[5]

Besonders auf Privat- oder Firmendächern findet die Energiegewinnung aus der Sonne, meist in Form von Photovoltaikanlagen, eine immer häufigere Nutzung.[6] Die Anzahl der Sonnenstunden ist in Deutschland vergleichsweise gering – um die 1600 Stunden im bundesweiten Durchschnitt[7] –, die Dauer der Einstrahlung in anderen Regionen der Erde ist deutlich höher. Besonders in Nordafrika ist eine maximale Ausbeute möglich, da dort die Sonnenenergie mit Solarthermie-Anlagen ca. 6200 äquivalente Vollaststunden im Jahr genutzt werden kann.[8]

Die Idee, den Strom in der Wüste von beispielsweise Marokko oder Algerien mit Hilfe von Parabolrinnenkraftwerken zu erzeugen, existiert schon seit 1913.[9] 2009 wurde bereits ein Versuch gestartet, welcher aus später noch zu nennenden Gründen nicht umgesetzt werden konnte. Bei der Stromgewinnung innerhalb der Sahara würde eine verhältnismäßig kleine Fläche (ca. 65.000 Quadratkilometer)[10] ausreichen, um einen Großteil des Stromverbrauchs der gesamten Erde zu decken. Die Europäer sprechen von riesigen Investitionen, die sie auf fremdem Land aus Motivation für den Klimawandel tätigen würden und einer Win-Win-Situation: Regenerativer Strom zur Deckung unseres Energiehaushalts auf der Einen und eine Entwicklungshilfe für die Maghreb-/Mena (Middle-East-North-Africa)-Region (siehe Abbildung 2,3) auf der anderen Seite.[11] Ob dies korrekt ist oder trügt, wird im Folgenden unter der Fragestellung: *Desertec – Neokolonialismus oder Entwicklungshilfe für Nordafrika?* überprüft.

Desertec ist nach wie vor in der Entwicklungsphase, in der häufige Veränderungen der Rahmenbedingungen und Misserfolge die Zielsetzung des Vorhabens immer wieder umwerfen,

---

[1] Surprise, Strassenmagazin, 11
[2] vgl. Potenzial der Sonnenenergie
[3] Desertec Traum oder Alptraum, 6
[4] vgl. Erneuerbare Energien und Klimaschutz
[5] vgl. Rekord für Wind, Sonne und Co.
[6] vgl. Photovoltaik in Deutschland. Entwicklung, Zubau und tatsächliche Einspeisung in Deutschland.
[7] vgl. Anzahl der Sonnenstunden in Deutschland nach Bundesländern im Jahr 2017
[8] vgl. Fernübertragung regelbarer Solarenergie von Nordafrika nach Mitteleuropa, 23
[9] vgl. Solarvision Desertec – wie Ingenieure darüber denken, 27
[10] vgl. Strom aus der Wüste, Z.23
[11] vgl. Desertec – Wirtschaftliche Dynamik und politische Stabilität durch Solarkraft?, 2f.

weshalb es schwer ist, über das Projekt aus dem Gesichtspunkt einer möglichen Kosten-Nutzen-Rechnung der beteiligten Länder und Investoren zu referieren. Zu einer Grundsatz-diskussion, ob ein derartiges Projekt neokolonialistische Züge aufweist oder nicht, lässt sich weitaus mehr Material finden. Für diese Thematik habe ich mich zudem entschieden, da eine solche Fragestellung ihre Aktualität deutlich länger beibehält. Im weiteren Verlauf soll geklärt werden, ob es vertretbar ist, dass ein Land zur Deckung des eigenen Bedarfs anderen Regionen die Sonnenvorkommen "entwenden" und unter seine eigene Verwaltung und Organisation stellen kann.

Die Forschungsarbeit ist in zwei Themenblöcke gegliedert, in welchen zuerst über die Vision „Desertec", die dazu notwendigen technischen Schlüsseltechnologien, das gescheiterte Vorhaben 2009 und den aktuellen Stand referiert wird, bevor der Schwerpunkt auf die Beurteilung des Projekts hinsichtlich der Fragestellung „Neokolonialismus oder Entwicklungshilfe" für Nordafrika gelegt wird. Hierfür dienen hauptsächlich Internetartikel und Videos über das Vorhaben Desertec sowie weitere Onlinequellen und Sachbücher über die Thematik des Neokolonialismus als Quellen.

2. Desertec

2.1 Idee – Vision, Konzept und Pläne

„Desertec" ist der Name für ein Großprojekt welches, durch in der Sahara erzeugten und über lange Leitungen nach Europa beförderten Strom, einen zunehmend größeren Anteil des europäischen Energiebedarfs decken soll.[12] Zunächst soll der lokale Strombedarf befriedigt und langfristig ein Anteil von 15% zum europäischen Stromverbrauch beigetragen werden.[13] Das „Desertec" Projekt umfasst zusätzlich die Nutzung von unterschiedlichen Energieerzeugungsmethoden wie z.B. On- und Offshore-Windräder,[14] diese Arbeit zielt jedoch ausschließlich auf die Nutzung der Sonnenenergie in Nordafrika ab. Die dazu am häufigsten angewandte Methode, ist die Verwendung sogenannter Parabolrinnenkraftwerke (siehe Abbildung 4), bei welchen sich die, auf eine Ölleitung gerichteten Spiegel, mit Hilfe von Sensoren mit der Sonne bewegen. Das erhitze Öl produziert durch einen Wärmetauscher Wasserdampf, mit welchem über einen Generator Strom erzeugt wird. Aufgrund ihrer zuletzt gesteigerten Effizienz immer mehr im Kommen sind sogenannte Turmkraftwerke (siehe Abbildung 5), bei welchen durch bewegliche Spiegel, sogenannte Heliostaten, das Sonnenlicht auf eine kleine Fläche in einem Turm projiziert wird, welcher bei deutlich höherer Temperatur einen energiehaltigeren Wasserdampf erzeugen kann.

Bei beiden Varianten fallen extreme Kosten an, welche im dreistelligen Milliardenbereich liegen[15], was einer der Gründe für das Scheitern des Projekts im Jahre 2009 war (siehe 2.3). Um endlich von fossilen Energiequellen abzukommen und in erneuerbare Energieträger zu investieren, wurde 2009 von der Desertec-Verwaltung die DII (Desertec-Industrie-Initiative) ins Leben gerufen, welche bis 2014 die Machbarkeit demonstrieren und die Umsetzung mit Hilfe von Forschungs- und Finanzpartnern weiter vorantreiben soll.[16] Als Ziel wurde die erste Durchleitung von Desertec-Strom im Jahr 2020 angegeben[17] – was Stand heute nicht erfüllt werden kann – und in ferner Zukunft sollen pro Jahr etwa 75 Terawattstunden von Nordafrika nach Europa fließen.[18]

Der große Vorteil, dass die Solarthermie eine regelbare Energiequelle ist, beruht auf dem integrierten flüssigen Salzwasserspeicher, der tagsüber bei Überproduktion aufgefüllt wird und diese Energie bei Bedarf annähernd die gesamte Nacht freigeben kann (siehe Abbildung 6). In der Verwendung dieser Methode sehen die Initiatoren der „Desertec"-Bewegung einen großen, auch kostenmäßigen Vorteil,[19] denn Solarthermie-Kraftwerke können heimische Netzspitzen genauso schnell ausgleichen, wie die für den Schwankungsausgleich prädestinierten Gaskraftwerke hierzulande.[20]

---

[12] vgl. Strom aus der Wüste: Das gigantische „Desertec"-Projekt – Spiegel TV (vid.), 00:40f. min

[13] vgl. Desertec – Traum oder Alptraum, Entwicklungspolitische Anforderungen an ein Projekt der Superlative

[14] vgl. Energietransport GIS gestützte Identifikation optimaler Stromleitungstrassen zwischen Nordafrika und Europa, 543

[15] vgl. Desertec: Wirtschaftliche Dynamik und politische Stabilität durch Solarkraft, 2

[16] vgl. Wüstenstrom-Projekt Desertec, 11

[17] vgl. Desertec: Wirtschaftliche Dynamik und politische Stabilität durch Solarkraft, 2

[18] vgl. Desertec: Wirtschaftliche Dynamik und politische Stabilität durch Solarkraft, 4

[19] vgl. Solarvision Desertec – wie Ingenieure darüber denken, 23

[20] vgl. Flexibilität von Kohle- und Gaskraftwerken zum Ausgleich von Nachfrage- und Einspeiseschwankungen. Einspeiseschwankungen

Die Europäer sehen „Desertec" als großen Gewinn für beide Seiten an, denn bei der Stromgewinnung werden weniger bis gar keine Schadstoffe produziert und den Einwohnern Nordafrikas wird Entwicklungshilfe geboten, in denen ihnen Infrastruktur und ausreichend Wasser zu Verfügung gestellt wird.[21] Zudem wird der Energiebedarf Europas gedeckt und die Produktion diversifiziert.

2.2 Schlüsseltechnologien – notwendige technische Entwicklungen

Eine der größten Herausforderungen und Hindernisse dieses exorbitanten Projektes wird darin bestehen, den produzierten Strom von der MENA-Region in die weit entfernten Stromverbrauchszentren zu transportieren.[22] Ein Transport bei Wechselspannung, wie hierzulande üblich, wäre zu ineffizient, ebenso wie eine mögliche Speicherung in Wasserstoff-Tanks, durch welche ca. 70 % Verlust auftreten würde.[23] Die einzige, wirtschaftlich kluge Übertragungstechnologie mittels Hochspannungs-Gleichstrom-Übertragungsnetzen (HGÜ), würde den Verlust bei ca. 2-4 % der Energie je 1000 Kilometer[24] im Rahmen halten, sodass Verbraucherzentren in 3000-5000 Kilometern Entfernung noch gewinnbringend versorgt werden können. Die Kapazität der Leitungen von MENA nach Europa sollte das geplante Ziel, bis 2050 15 % des europäischen Strombedarfes mit Wüstenstrom decken zu können[25], nicht beschränken, weshalb die Trassen bis 2020 (aus-)gebaut werden sollen, um eine Spannung von 500 kV und eine Kapazität von 2.000 MW zu erreichen.[26]

Ein weiterer Aspekt, den es zu beachten gilt, ist die oben schon angeklungene Produktionstechnik vor Ort. Zu Beginn ist zu entscheiden, ob mit Photovoltaik/Solarthermie oder mit Wind-/Wasserkraft gearbeitet wird – wobei die Solarthermie aufgrund ihrer deutlich höheren Effizienz im Mittelpunkt des Projektes steht. Anschließend gilt es zu klären, welche der konzentrierenden solarthermischen Technologien in Erwägung gezogen wird. Das Potenzial der Sonne lässt sich prinzipiell durch linienkonzentrierende Parabolrinnenkraftwerke und Fresnelkollektoren sowie die punktkonzentrierenden Solartürme und Dish-Stirling-Anlagen nutzen.[27]

Die anhaltenden Forschungen und Entwicklungen hin zu einem für alle Parteien deutlich effizienteren Projekt bringen die Schlüsseltechnologien auf ein immer höheres Level, welches in dem geplanten Ausbau und der Verbesserung der Kapazität der Trassen durch Afrika und das Mittelmeer gipfelt.

---

[21] vgl. Wüstenstrom-Projekt Desertec, 16

[22] vgl. Energietransport – GIS-gestützte Identifikation optimaler Stromleitungstrassen zwischen Nordafrika und Europa, 543

[23] vgl. Desertec: Strom aus der Wüste für eine Klima und Ressourcen schonende Energieversorgung Europas, 17

[24] vgl. Energietransport – GIS-gestützte Identifikation optimaler Stromleitungstrassen zwischen Nordafrika und Europa, 543

[25] vgl. Energietransport – GIS-gestützte Identifikation optimaler Stromleitungstrassen zwischen Nordafrika und Europa, 543

[26] vgl. Energietransport – GIS-gestützte Identifikation optimaler Stromleitungstrassen zwischen Nordafrika und Europa, 544

[27] vgl. Bosch 2010, 28 ff.

2.3   Gescheitertes Projekt 2009 – Gründe

Das 2009 mit großer Euphorie und nach über 5 Jahren Planung gestartete Großprojekt "Desertec" scheiterte aus unterschiedlichen Gründen, welche eine Fortsetzung unter diesen Umständen unmöglich machten.

Der erste maßgebliche Fehler, welcher seitens der Initiatoren begangen wurde, war, die Situation der Bevölkerung in den teilweise von Diktatoren regierten Ländern zu ignorieren und sich einzureden, es herrsche eine stabile Lage[28]. Mit dem „Arabischen Frühling" schwand der Glaube an ein funktionierendes, wirtschaftliches und vor allem sicheres Versorgungssystem unter Einbeziehung dieser Länder. Dies zog das schnelle Abspringen zahlreicher, namhafter Investoren wie der Münchner Rück, der Schweizer ABB und der Deutschen Bank nach sich.[29] Paradoxerweise fungierte die Reaktorkatastrophe in Fukushima nicht als Treiber, sondern eher als Hemmschuh für den weiteren Auf-/Ausbau von Kraftwerken in anderen Ländern.[30] Der Blick ging vermehrt auf eine dezentralere Versorgung, um unabhängiger von anderen Ländern zu werden, sodass der Ausbau der heimischen erneuerbaren Energien vorangetrieben wurde.[31] Daraus resultierte wiederum ein starker Preisverfall des Solarstroms, welcher in Kombination mit den vergleichsweise teuren Produktionskosten der Solarthermie[32] zum weiteren Ausstieg zahlreicher Investoren führte. Allein Siemens musste vor seinem Ausstieg mehr als 400 Millionen Dollar Verluste abschreiben. Die verbliebenen DII-Gesellschafter setzten mehr auf heimische Stromerzeugung vom Maghreb bis zur Levante[33], sodass das Projekt vorerst auf Eis gelegt wurde.

Eine weitere Schattenseite der Region im Nahen Osten – der Terrorismus – trug zusammen mit der anhaltenden Korruption[34] zu diesem Szenario bei. Als 2012 ein deutscher Bauingenieur von Al-Kaida-Truppen entführt und anschließend getötet wurde,[35] nahmen die Bedenken bezüglich einer sicheren Zukunft im Zusammenhang mit den teilweise starken Widerständen der Einheimischen, welche das Projekt in keinster Weise als Entwicklungshilfe ansahen, zu.[36]

Der Strom aus konventionellen Kraftwerken kostete im Jahr 2009 5 Cent pro Kilowattstunde, die bestehenden solarthermischen Kraftwerke in Andalusien erzeugten eine Kilowattstunde für 20 Cent. Aufgrund dieser Preisdifferenz und einem großen vorhergesagten Steigerungspotenzial der dezentralen Photovoltaik bezüglich Anwendungsumfang und Wirtschaftlichkeit, drängten die Vertreter erfolglos auf langfristige staatliche Abnahmegarantien, um eine vertragliche Absicherung ihrer Investitionen in Desertec zu erlangen.[37]

Die Grundidee von „Desertec" ist noch lange nicht ausgestorben und keimt in diversen Nachfolgeprojekten und einer immer noch existierenden DII-Gruppe weiter heran, mit der Hoffnung, in Zukunft bei veränderten ökonomischen Rahmenbedingungen den Durchbruch zu

---

[28] vgl. Realitätscheck bei Desertec, Z. 44 ff.
[29] vgl. der Traum vom Wüstenstrom ist gescheitert, Z.11ff.
[30] vgl. der Traum vom Wüstenstrom ist gescheitert, Z.34f.
[31] vgl. der Traum vom Wüstenstrom ist gescheitert, Z.40f.
[32] vgl. der Traum vom Wüstenstrom ist gescheitert, Z.48
[33] vgl. der Traum vom Wüstenstrom ist gescheitert, Z.54ff.
[34] vgl. Korruption in Afrika
[35] vgl. Islamisten töten entführten Deutschen
[36] vgl. Entwicklungshilfe für Deutschland? Solarzellen zerstört, (Video)
[37] vgl. Desertec: Wirtschaftliche Dynamik und politische Stabilität durch Solarkraft?, 5

schaffen. „Denn [eins] haben Geld und Strom gemeinsam: beide bevorzugen den Weg des geringsten Widerstandes."[38]

2.4   Aktueller Stand – Probleme, Fragen, Prototypen

Um ein erneutes Aufgreifen der Desertec-Idee zu ermöglichen, müssen vorerst einige Fragen geklärt und die aktuellen Umstände erläutert werden. Derzeit steht in Südspanien bereits eine Art Prototyp für Desertec, bei welchem es sich um ein Turmkraftwerk mit ca. 5500 äquivalenten Volllaststunden handelt. Es läuft ohne nennenswerte Probleme, was die eingesetzte Technik, wie beispielsweise die HGÜ-Leitungen, bestätigt.[39] Diese Leitungen existieren auf jedem Kontinent, bilden zwischen Marokko und Spanien die bisher einzige Verbindung zwischen Afrika und Europa und müssen für eine Realisierung von Desertec weiter ausgebaut werden.[40] Ein großes Problem sind die politischen Abhängigkeiten von derartigen Krisengebieten, in denen jeden Moment ein Bürgerkrieg ausbrechen und die Energieerzeugung des „Desertec"-Projektes ruinieren könnte. Um das weitere Abspringen von Investoren zu verhindern, muss eine AAA-Investitionsbedingung durch einen international versicherten Abnahmevertrag geschaffen werden. Harald Lesch schlägt für die weitere Finanzierung eine Volksaktie vor, bei der sich jeder interessierte Bürger beteiligen kann.[41]

Die oftmals gestellte Frage bezüglich der Risikoeinschätzung der Stromversorgung via "Desertec" ist nach Meinung von Franz Trieb berechtigt, jedoch leicht zu beantworten, da Marokko im Jahr 2017 mit einer Risikostufe (3) sicherer als Deutschlands Großversorger, Russland (4) eingeschätzt wird.[42] Zudem verkleinert ein weiterer Energielieferant die Abhängigkeit gegenüber den anderen.[43] Bei rasanten Entwicklungen der heimischen erneuerbaren Energieproduktion besteht zudem die Gefahr, dass der importierte Strom nicht mehr benötigt wird und durch den heimischen Preisdruck die Wirtschaftlichkeit des gesamten Projektes in Frage gestellt wird. Deshalb muss eine Absicherung seitens der Politik für die Wirtschaft im Sinne des oben genannten Abnahmevertrages gegeben sein.[44]

Ein weiteres Hindernis stellen die schweren Erschließungsmöglichkeiten in der Wüste dar, welche sich besonders durch die fehlende politische Stabilität, Infrastruktur und unterschiedliche Lebensführung darstellt und die Kostenrechnungen noch spürbar nach oben beeinflussen könnte.

Dennoch ist das Ziel einer hundertprozentig nachhaltigen Energieversorgung nach Ansicht der Befürworter nicht ohne Desertec zu erreichen, da die Solarthermie in Afrika regulierbar, höchst effizient und eine große Investition in die Zukunft ist. Franz Trieb geht sogar soweit, dass er eine Nichtnutzung und Nichtabnahme der Sonnenenergie der Maghreb-Region als unverantwortlich deklariert[45].

---

[38] Realitätscheck bei Desertec, 1
[39] vgl. Strom aus der Wüste / Harald Lesch & Franz Trieb, (Video), 21f.
[40] vgl. Strom aus der Wüste / Harald Lesch & Franz Trieb, (Video), 21f.
[41] vgl. Strom aus der Wüste / Harald Lesch & Franz Trieb, (Video), 22f.
[42] vgl. Strom aus der Wüste / Harald Lesch & Franz Trieb, (Video), 19ff.
[43] vgl. Strom aus der Wüste / Harald Lesch & Franz Trieb, (Video), 26f.
[44] vgl. Strom aus der Wüste / Harald Lesch & Franz Trieb, (Video), 20ff.
[45] vgl. Strom aus der Wüste / Harald Lesch und Franz Trieb (vid.), 20:27 min

Für die politische Sicherheit der EUMENA-Region ist Desertec heute immer noch aufgrund des finanziellen Anreizes für eine beständige Stromlieferung „besser als jeder Militärpakt"[46] anzusehen[47].

3. Beurteilung des Projekts

3.1 Nachfrageländer – Entwicklungshilfe?

Desertec dient vor allen Dingen dem Stillen des „Energiehungers" der europäischen Bevölkerung und sollte zusätzlich noch wirtschaftlichen Nutzen stiften. Das Projekt ist keinesfalls als europäische Barmherzigkeit anzusehen, welches vorrangig die Situation in Afrika verbessern soll, dennoch werden in der Zielsetzung des Projektes entwicklungsbezogene Effekte genannt.[48]

Solarenergie in Deutschland zu fördern und zu nutzen sei so sinnvoll „wie Ananas züchten in Alaska",[49] meinte der frühere RWE-Chef Jürgen-Großmann. Nebst dem Effektivitätsgrund gibt es weitere Aspekte, die für eine Umsetzung des Desertec-Vorhabens sprechen, wie z.B. eine regenerative Erzeugung des Stromes in großem Maße oder die Herstellung einer ressourcenunabhängigen Grundlage.[50] Diese Arbeit spezialisiert sich jedoch auf die Frage, ob dem Projekt Desertec entwicklungsfördernde Aspekte oder neokolonialistisches Denken zugrunde liegen. Ersteres wird von einem Großteil der europäisches Beteiligten hervorgehoben und bedarf einer sorgfältigen, argumentativen Überprüfung im folgenden Teil.

Der Kohlenstoffdioxidausstoß, welcher weltweit konstant zunimmt,[51] besorgt und beschäftigt die gesamte Menschheit. Im Falle der Umsetzung des Desertec-Projektes wird „der CO_2-Ausstoß Europas, Nordafrikas und des Nahen Ostens trotz Steigerung des Energieverbrauchs durch die fortschreitende Technisierung, der Meerwasserentsalzung und des zu erwartenden Bevölkerungswachstums in der MENA-Region um 80% reduziert werden"[52]. Desertec würde dieses globale Problem auch zugunsten von Nordafrika lösen und ihnen indirekt eine Entwicklungshilfe und die Chance auf bessere Lebensumstände bieten.

Unter dem Leitsatz: „Vom Shatterbelt zum Gateway"[53] versteht man in Europa, dass das Projekt Desertec durch den gemeinsamen finanziellen Reiz und die Abhängigkeit der Staaten aus der von Konflikten geprägten Region ein stabileres Umfeld schafft. Denn „Konflikte zwischen Parteien, die keine gegenseitigen Abhängigkeiten haben, sind wesentlich wahrscheinlicher als zwischen solchen mit Interdependenzen"[54]. Durch die geplanten, länderübergreifenden Leitungen würde aufgrund des übergeordneten Zieles, sich auf Basis dieser finanziellen

---

[46] Desertec: Wirtschaftliche Dynamik und politische Stabilität durch Solarkraft?, 2: zitiert nach Kreimeier, Gassmann und Proissl 2009, Thumann 2009

[47] vgl. Desertec: Wirtschaftliche Dynamik und politische Stabilität durch Solarkraft?, 2

[48] Desertec. The Vision

[49] Solarstrom viel teurer, Z.19f.

[50] vgl. Desertec: Wirtschaftliche Dynamik und politische Stabilität durch Solarkraft?, 2

[51] vgl. Erneuerbare Energien und Klimaschutz, Statistik

[52] Das Desertec-Projekt und der arabisch-Frankophone Maghreb am Fallbeispiel: Marokko, 1

[53] vgl. Desertec: Wirtschaftliche Dynamik und politische Stabilität durch Solarkraft?, 3

[54] Solarstromimporte aus der Wüste, 5

Unterstützung weiterzuentwickeln, zudem zwangsläufig eine bessere Kooperation innerhalb der gesamten EUMENA (Europa+MENA)-Region existieren.[55]

Die mit dem Bau und der Versorgung der Desertec-Anlage neu entstehenden Arbeitsplätze würden gerade in Regionen mit hoher Arbeitslosigkeit einen ökonomischen und gesellschaftlichen Aufschwung mit sich bringen. So beträgt zum Beispiel die Arbeitslosigkeit in Libyen knapp 20 %[56] und die Jugendarbeitslosigkeit über 40 %[57] und in Ägypten sind über 12 %[58] der Erwachsenen und ca. 33 %[59] der Jugendlichen arbeitslos. Viele Nomaden und andere Minderheiten bekämen durch die Arbeit[60] über eine bestimmte Dauer eine gesicherte Einnahme, sodass sie den Anschluss an die globalisierte Welt (siehe Abbildung 7) erreichen könnten. In Kopplung mit starken Investitionen aus der EU verspricht sich vor allem die marokkanische Industrie Entwicklungsimpulse[61], welche durch das Desertec-Projekt überhaupt erst ermöglicht werden könnten. Eine wichtige Stütze für die Entwicklung der MENA-Region bietet eine sichere Stromversorgung, welche durch Solarthermie – von welcher nicht alles exportiert wird – als Alternative zu den immer geringer werdenden Erdgas- und Erdölvorkommen abgesichert ist.[62]

Die durch Desertec ermöglichte Verbesserung des Arbeitsmarktes und der Stromversorgung ist langfristig gesehen eine Hilfe zur Selbsthilfe.[63] Durch die Bereitstellung der Premiumenergie "elektrischer Strom"[64], werden Wirtschaftskreisläufe gefördert und der Bevölkerung ein nachvollziehbarer Grund geboten, in ihrer Heimat zu bleiben. Dies würde wiederum zukünftige Einwanderungswellen nach Europa mindern.[65]

Des weiteren würde durch Desertec eine bessere Trinkwasserversorgung in den teils trockenen Wüstengebieten ermöglicht werden. Meerwasserentsalzungsanlagen sind für die Reinigung der Spiegel unabdingbar, denn Salzwasser wäre für das Reinigen zu aggressiv und derartige Wassermengen lassen sich unmöglich aus dem tiefgelegenen Grundwasser pumpen. Im Jahr 2013 haben immer noch fünf Milliarden Menschen weltweit – trotz zügigen Ausbaus von Wasserversorgungssystemen – unsaubere Latrinen verwendet.[66] Nach dem UNESCO-Report im Jahre 2009 hängen „80 % der Krankheiten in Entwicklungsländern [...] mit Wasser zusammen, allein an Durchfall stirbt alle 17 Sekunden ein Kind".[67] Nach der „Welt" werden 2040 gerade die nordafrikanischen Länder einem Wassermangel-Risiko von über 80 % ausgesetzt sein,[68] woraus ein dauerhaftes Leben in Armut resultiert.[69]

Die dauerhafte Reinigung der Spiegelflächen mit großen Wassermengen schließt die Möglichkeit der Sekundärnutzung nicht aus. In Kombination mit den großflächig schattenspendenden Spiegeln könnte eine Grünfläche entstehen, die zu verhältnismäßig kostengünstigen

---

[55] vgl. Solarstromimporte aus der Wüste, 5
[56] vgl. Libyen: Arbeitslosenquote von 2007 bis 2017
[57] vgl. Libyen: Arbeitslosenquote Jugendliche
[58] vgl. Ägypten: Arbeitslosenquote von 2007 bis 2017
[59] vgl. Ägypten: Arbeitslosenquote Jugendliche
[60] vgl. Desertec: Wirtschaftliche Dynamik und politische Stabilität durch Solarkraft?, 4
[61] vgl. Desertec: Wirtschaftliche Dynamik und politische Stabilität durch Solarkraft?, 4
[62] vgl. Desertec: Wirtschaftliche Dynamik und politische Stabilität durch Solarkraft?, 4
[63] vgl. Strom aus der Wüste / Harald Lesch & Franz Trieb, (Video), 26f.
[64] vgl. Strom aus der Wüste / Harald Lesch & Franz Trieb, (Video), 26
[65] vgl. Strom aus der Wüste / Harald Lesch & Franz Trieb, (Video), 26f.
[66] vgl. UNESCO-Report 2009: Sauberes Wasser wird knapper, Z.12ff.
[67] UNESCO-Report 2009: Sauberes Wasser wird knapper, Z.15f.
[68] vgl. In diesen Ländern wird das Wasser knapp
[69] vgl. UNESCO-Report 2009: Sauberes Wasser wird knapper, Z.15

Agrarflächen transferiert werden könnte.[70] Die Nutzung durch Landwirtschaft mit beispielsweise grasenden Schafen für die Produktion von Berberteppichen würde das Projekt noch effektiver machen und dem Hungerproblem in Nordafrika (siehe Abbildung 8) vorbeugen.[71] Eine Umrandung der Anlage mit Bäumen und Sträuchern zum Schutz der Spiegelflächen würde das Projekt ökonomischer werden lassen und ein oasenähnliches Gebiet komplettieren.[72]

„Das Anliegen [von Strukturanpassungsprogrammen] sollte sein, die Leistungsfähigkeit der Armen und Verwundbaren so weit wie möglich zu steigern, indem man ihre Zugangsmöglichkeiten zum Produktivvermögen verbessert, Investitionen, die sich bezahlt machen, die Beschäftigungsmöglichkeiten fördern und in Menschen investieren indem man den Armen und Verwundbaren zu ausreichenden Lebensumständen in Bezug auf ihre Erziehung, Gesundheit, Ernährung und Ernährungssicherheit verhilft."[73] Rogate Mshanas Sicht auf die Auswirkungen von Strukturanpassungsprogrammen kristallisiert sich aus den genannten Punkten heraus. Folgt man seiner Sichtweise, so ähnelt die Zielsetzung des Projektes Desertec stark derartigen Strukturanpassungsprogrammen, welche in letzter Instanz eine Weiterentwicklung der Entwicklungsländer ermöglichen.

Ein Hinweis, dass Desertec ein Lösungsansatz zu den oben genannten Problemen bietet, wird durch die angesehene Meinung des „Club of Rome" verdeutlicht, welcher ähnliche Resultate im Desertec-Atlas von 2012 erarbeitet hat.[74] Jedweder Zusammenschluss von Experten sieht Desertec in erster Linie als Konzept für die Entwicklung der Wüstenstaaten Nordafrikas.[75]

Die Implementierung von Desertec könne somit „zivile Unruhen durch Arbeits- und Perspektivlosigkeit, Energie- und Trinkwassermangel sowie innenpolitische Instabilität als auch zwischenstaatliche Konflikte entschärfen".[76] Tritt dies ein, so würden durch die notwendigen Bedingungen für die Desertec-Umsetzung ganz neue, verbesserte Lebensbedingungen der Einheimischen entstehen. Diese bieten die Voraussetzungen auf ein eigenständiges, selbstbestimmtes Leben und sind somit im Sinne von Entwicklungshilfsmaßnahmen.

3.2   Anbieterländer – Neokolonialismus?

Für eine Vielzahl von Menschen in Nordafrika wäre Desertec aufgrund der Entwicklungsmaßnahmen ein enormer Schritt in Richtung eines besseren Lebens. Doch die Frage bleibt, wie viel von dem ökonomischen Fortschritt in den wenig demokratisch regierten Staaten Nordafrikas bei dem ärmeren Teil der Bevölkerung ankommt.[77] Würde die Spanne zwischen Arm und Reich noch größer werden, würden die Ziele der Entwicklungshilfsmaßnahmen verfehlt werden.

Die Organisatoren von Desertec sehen in der Entwicklungshilfe ausschließlich die wirtschaftlichen Aspekte im Land, die es zu verbessern gilt. Aus Sicht von Rogate Mshana ist eine

---

[70] vgl. Strom aus der Wüste / Harald Lesch & Franz Trieb, (Video) 11

[71] vgl. Strom aus der Wüste / Harald Lesch & Franz Trieb, (Video) 11f.

[72] vgl. Strom aus der Wüste / Harald Lesch & Franz Trieb, (Video) 11

[73] Wirtschaftlicher Neokolonialismus durch Strukturanpassungsprogramme in Nordafrika, 61

[74] vgl. Das Desertec-Projekt und der arabisch-Frankophone Maghreb am Fallbeispiel: Marokko, 13f.

[75] vgl. Das Desertec-Projekt und der arabisch-Frankophone Maghreb am Fallbeispiel: Marokko, 14

[76] Das Desertec-Projekt und der arabisch-Frankophone Maghreb am Fallbeispiel: Marokko, 12

[77] vgl. Neokolonialismus – Desertec-Projekt in besetzten Gebieten (SB), Z.19ff.

Entwicklung nicht allein aus wirtschaftlichen Indikatoren ableitbar, weshalb er es vorzieht, die Entwicklung nach dem UNDP-Ansatz „HDI" zu messen, da dort die drei Komponenten Lebenserwartung, Bildungsstufen und die Verfügbarkeit von Ressourcen für eine angemessene Lebensführung zusammengefasst werden.[78] Diese einseitige Betrachtung ist ein Indiz für wirtschaftlichen Neokolonialismus durch Strukturanpassungsprogramme, welche von der westlichen Welt genutzt werden, um die Weltwirtschaft zu ihrem Vorteil zu gestalten. Dadurch werden nachweislich die schwächeren Länder und Regionen – wie bei Desertec Nordafrika – weiter in Armut und Verderben getrieben, was komplett gegen eine mögliche Entwicklungshilfe spricht.[79]

Ein Projekt wie Desertec, bei dem eine Einmischung der westlichen Welt in ein Land oder Länder des afrikanischen Kontinents stattfindet, beinhaltet jedoch ein hohes Risiko neokolonialistisch zu sein. Der Begriff Neokolonialismus „ist eine Bezeichnung für das Verhältnis zwischen Staaten und Konzernen der sogenannten Ersten Welt und der Dritten Welt nach Auflösung der Kolonialreiche im 20 Jh."[80] und wurde erstmals 1965/66 von Kwame Nkrumah geprägt.[81] Er beschreibt die Parallelen zum Kolonialismus der früheren Zeit, was sich in der „direkte[n] Beherrschung der Länder der Dritten Welt über Spielregeln des kapitalistischen Weltmarktes"[82] ausdrückt. Der Begriff Neokolonialismus wird oft als „letztes Stadium des Imperialismus"[83] bezeichnet und löst die direkte Beherrschung durch eine indirekte ab.[84] Um auf die Frage, ob Desertec für die Zielregion ein neokolonialistisches Projekt darstellt, eine Antwort finden zu können, ist es notwendig, mögliche Korrelate bezüglich des Kolonialismus zwischen dem 16. und 19. Jahrhundert zu untersuchen.

Ein Hauptbestandteil bei kolonialistischen Bewegungen sind externe Akteure, welche ihre Stärke mit dem Glauben an ihre kulturelle Überlegenheit Europas gegenüber „Naturvölkern" in jenen auswärtigen Territorien demonstrieren und die Bevölkerung von sich abhängig machen.[85] Zu Beginn wurde dies mithilfe von Gewalt ausgeführt, beim Neokolonialismus besteht diese Machtdemonstration aus der oben schon beschriebenen, indirekten Abhängigkeit. Diese Abhängigkeit der kolonialisierten Mächte spiegelt sich besonders in der Region Nordafrika wieder, denn ohne Subventionen von Europa ist es für beispielsweise Marokko weder möglich sich ausreichend zu versorgen, noch überhaupt an Eigenständigkeit zu denken.[86] Durch Desertec wird den Marokkanern der Wunsch zumindest teilweise ermöglicht, womit sie sich jedoch noch stärker abhängig machen.

Kwame Nkrumah's Auffassung von Neokolonialismus zeigt sich wie folgt: „The essence of neo-colonialism is that the State which is subject to it is, in theory, independent and has all the outward trappings of international sovereignty. In reality its economic system and thus its political policy is directed from outside."[87] Unter dem Grundgedanken des Begriffes Neokolonialismus versteht er, den Ländern eine theoretische Unabhängigkeit und Souveränität zu erdichten, obwohl das Wirtschaftssystem und die Politik von externen Kräften gelenkt wird.

---

[78] vgl. Wirtschaftlicher Neokolonialismus durch Strukturanpassungsprogramme in Afrika, 57f.

[79] vgl. Wirtschaftlicher Neokolonialismus durch Strukturanpassungsprogramme in Afrika, 56

[80] Neokolonialismus, Wikipedia, Z.1

[81] vgl. Neo-Colonialism, the Last Stage of Imperialism

[82] Neokolonialismus, Gabler Wirtschaftslexikon, Z.2

[83] Neokolonialismus, Gabler Wirtschaftslexikon, Z.6

[84] vgl. Neokolonialismus, Gabler Wirtschaftslexikon, Z.4

[85] vgl. Kolonialismus, Wikipedia, Z.1ff.

[86] vgl. Das Desertec-Projekt und der arabisch-Frankophone Maghreb am Fallbeispiel: Marokko, 24f.

[87] Neo-Colonialism, the Last Stage of Imperialism, 3, Z.9ff.

Die im 19. Jahrhundert in Afrika von Europa beliebig, nicht nach ethnischen Kriterien gezogenen Grenzen, möchte das Projekt Desertec durch eine länderübergreifende Zusammenarbeit nivellieren.[88] An dieser Stelle greift erneut ein außenstehender Akteur in die Geschicke eines fremden Territoriums ein, um einen eigenen Vorteil (z.B. die Demokratisierung oder den wirtschaftlichen Aufschwung)[89] zu generieren. Die früheren Kolonialisten, wie es seinerzeit Bismarck pflegte, schlossen Handelsbeziehungen ab und sicherten dadurch den Frieden in Europa. Exakt dasselbe Ziel geht aus dem oben genannten Konzept für Desertec hervor, welches besagt, dass das Risiko von Konflikten zwischen Parteien, die keine gegenseitigen Abhängigkeiten haben, geringer ist.[90] Es ist also nicht von der Hand zu weisen, dass gewisse Parallelitäten zwischen der Ausrichtung von Desertec und kolonialistischen bzw. neokolonialistischen Merkmalen vorhanden sind.

Neokolonialismus charakterisiert sich u.a. über die Ausübung von kultureller Hegemonie, welche durch Konsens vermittelt wird.[91] Im Falle Desertec versucht die Hegemonialmacht (Deutschland/Europa), die Gesellschaft von Nordafrika (Marokko) und besonders deren Führungsstab durch Ideen und Ansätze, welche dem Ziel der Rettung der Umwelt entspringen, zu überzeugen. Durch deren Akzeptanz können sie Einfluss auf das Land ausüben, ökologische und infrastrukturelle Änderungen vornehmen und ihre Kultur verbreiten. Ebenfalls wird den nordafrikanischen Ländern, die für kulturelle Hegemonie typische Einsetzung eines Zwangselements, welche sich durch eine verbleibende Rückständigkeit bei einer Nichtteilnahme am Projekt auszeichnet, unterbreitet.[92]

Für eine neokolonialistische Ausrichtung des Projektes Desertec spricht zudem, dass dieses starke Tendenzen zum „Grünen Kapitalismus" aufweist. Das Handeln bei diesem strebt, unter dem Deckmantel von Umweltschutzgründen, zu einer Entwicklung der kolonisierten Gesellschaft hin. Die ebenfalls in den Konzepten von Desertec vorzufindende Besonderheit dabei ist, „Interessen der Subalternen zwar herrschaftsförmig zu integrieren, die untergeordneten Gruppen aber in einer subalternen Position fern der Macht zu halten, zugleich ihre Intellektuellen und Führungsgruppen in den Machtblock zu absorbieren, die Subalternen damit ihrer Führung zu berauben."[93]

2010 folgerte der Öl-Baron des 20./21. Jahrhunderts, Larry Hagman: „Solarenergie ist das Öl des 21. Jahrhunderts"[94], was eine weitere Analogie zwischen den Motiven europäischer Imperialisten des 16. bis 19. Jahrhunderts und dem Wüstenstromprojekt darstellt. Beide zeichnen/zeichneten sich durch die Sicherung der Ressourcen an Standorten mit der höchsten Verfügbarkeit aus,[95] mit dem einzigen Unterschied, dass die zu bergende Quelle heutzutage regenerativ ist.

Man möchte gerade mit dem Maghreb, der für Europa als „Tor zu Afrika" fungiert, die großen Wirtschaftspotenziale nutzen und neue Märkte erschließen.[96] Die oft zu findende Argumentation, dass man bisher noch weitestgehend ungenutztes Knowhow der deutschen Indust-

---

[88] vgl. Das Desertec-Projekt und der arabisch-Frankophone Maghreb am Fallbeispiel: Marokko, 19

[89] vgl. Das Desertec-Projekt und der arabisch-Frankophone Maghreb am Fallbeispiel: Marokko, 19

[90] vgl. Solarstromimporte aus der Wüste, 5

[91] vgl. Kulturelle Hegemonie, Wikipedia, Z.2

[92] vgl. Das Desertec-Projekt und der arabisch-Frankophone Maghreb am Fallbeispiel: Marokko, 21f.

[93] Nachhaltigkeit, Grüne Transformation, 4

[94] Vom Öl- zum Solarbaron, Z.34

[95] vgl. Das Desertec-Projekt und der arabisch-Frankophone Maghreb am Fallbeispiel: Marokko, 23

[96] vgl. Das Desertec-Projekt und der arabisch-Frankophone Maghreb am Fallbeispiel: Marokko, 23

rie exportieren müsse, fand schon im Europa des 19. Jahrhunderts Gebrauch.[97] Auswärtige Territorien als verlängerte Werkbank von Europa mit billigen Löhnen zu nutzen, war schon damals nicht unüblich.[98]

Im Mega-Projekt Desertec hat ebenfalls die Weltbank ihren Fuß in der Tür und bestimmt die Geschicke mit.[99] Nach Rogate Mshana sind die Endziele der Weltbank und des IWFs Wirtschaftswachstum und Effizienz und nicht die Entwicklung eines selbständigen Landes.[100] Die notwendigen wirtschaftlichen Maßnahmen – wie die Privatisierung regierungseigener Betriebe[101] – um das Klima für Auslandsinvestitionen zu verbessern, werden den nordafrikanischen Ländern bei Desertec von den eben genannten Institutionen als Bedingung zur finanziellen Hilfe auferlegt. Dies spiegelt die Definition Mshanas vom Neokolonialismus perfekt wieder, da sie ohne Zustimmung der Einheimischen Strukturanpassungsprogramme einführen, um ihre eigenen Ziele zu erreichen und eine Verbesserung der Lebenssituation der Menschen dort maximal zur Nebensache wird.[102]

Ein entfernterer, aber nicht minder wichtiger Punkt spricht ebenfalls für die kolonialistische Anlehnung von Desertec. Marokko betreibt schon seit über einem Vierteljahrhundert im Gebiet der Westsahara Kolonialismus gegenüber den anderen Ländern des Westsahara-Konfliktes.[103] Es hält große Teile dieses Gebietes besetzt und betreibt Strukturanpassungsprogramme, wie zum Beispiel Einwanderungs- und Ansiedlungsprogramme in den unterdrückten Regionen.[104] Die Förderung der Zusammenarbeit seitens Europa, besonders von Deutschland mit Marokko, zeigt, dass man aufgrund von wirtschaftlichen Gründen keine Einwände gegen die kolonialistischen Handlungen hervorbringt und mit den Aktionen Marokkos sympathisiert. Daraus lässt sich ganz klar ableiten, dass die Menschen in der Westsahara indirekt weiter unterdrückt und neokolonialisiert werden, hauptsächlich aufgrund der Stärkung und des Ausbaus der „Vormachtstellung im globalen Ringen um die technologische, wirtschaftliche und kulturelle Hegemonie"[105] Europas.

Aufgrund der Parallelen, welche das Projekt Desertec und die kolonialen Bestrebungen Europas aus dem 19. Jahrhundert aufweisen, kann Desertec durchaus als neokolonialistisch angesehen werden. Gerade die geschaffene Abhängigkeit von Afrika gegenüber Europa und die Argumentation auf Basis des Umweltschutzes mit dem Hauptaugenmerk auf der Verwirklichung der eigenen Ziele, sprechen klar für die neokolonialistische Ausrichtung des Megaprojektes.

---

[97] vgl. Das Desertec-Projekt und der arabisch-Frankophone Maghreb am Fallbeispiel: Marokko, 23
[98] vgl. Das Desertec-Projekt und der arabisch-Frankophone Maghreb am Fallbeispiel: Marokko, 23
[99] Vgl. Weltbank plant Solaroffensive, Z.1f.
[100] vgl. Wirtschaftlicher Neokolonialismus durch Strukturanpassungsprogramme in Afrika, 56
[101] vgl. Wirtschaftlicher Neokolonialismus durch Strukturanpassungsprogramme in Afrika, 57
[102] vgl. Wirtschaftlicher Neokolonialismus durch Strukturanpassungsprogramme in Afrika, 56
[103] vgl. Neokolonialismus – Desertec-Projekt in besetzten Gebieten (SB), Z.25ff.
[104] vgl. Neokolonialismus – Desertec-Projekt in besetzten Gebieten (SB), Z.17ff.
[105] Neokolonialismus – Desertec-Projekt in besetzten Gebieten (SB), Z.46f.

4. Fazit – Beantwortung der Leitfrage

Das 2009 mit großer Euphorie gestartete Megaprojekt "Desertec" ist durch unterschiedliche Planungsfehler und fehlende Abnahmeverträge für umweltveträglich erzeugten Strom in Nordafrika nahezu auf Eis gelegt worden. Dass der Strom nicht über Leitungen in die Verbraucherzentren nach Europa gebracht werden konnte, lag unter anderem auch am Abspringen zahlreicher Investoren. Hauptargumente der Befürworter des Projektes sind neben dem „grünen" Strom, die Nutzung als Spitzen- und/oder Grundlastkraftwerk sowie die durch immense Investitionen getätigte Entwicklungshilfe für Nordafrika. Gerade die hohe Arbeitslosigkeit kann durch eine Vielzahl an geschaffenen Jobs verringert werden. Durch die zwingende Reinigung der Spiegel mit Süßwasser kann die dazu notwendige Meerwasserentsalzungsanlage die Trinkwassersituation vieler Regionen verbessern und durch die mögliche Agrarnutzung ebenfalls eine vollständige Verbesserung der Nahrungsversorgung mit sich bringen. Es ist naheliegend, dass die finanzielle Verbundenheit in einem solchen Projekt und ein gemeinsames Ziel das Verhältnis der Anrainerstaaten verbessern würde. Die in der Zielsetzung von Desertec versprochene Verbesserung der Zugangsmöglichkeiten zur globalisierten Welt der Einwohner der MENA/Maghreb-Region, spricht ebenfalls für die entwicklungstechnische Ausrichtung des Projekts.

Diese Zielsetzung hingegen ruft oft starke Kritik bezüglich eines erneuten kolonisationsähnlichen Verhaltens hervor, welches sich durch indirekte Abhängigkeit auszeichnet und 1965 erstmals als Neokolonialismus bezeichnet wurde. Für eine neokolonialistische Ausrichtung von Desertec spricht, dass zum einen externe Akteure über die Geschicke eines anderen Landes oder einer anderen Region, hauptsächlich zum ihrem eigenen Vorteil, entscheiden. Zum anderen haben bereits frühere Kolonialisten mit Hilfe von Verträgen versucht, Frieden zu bewahren. Des weiteren sprechen die Ausübung von kultureller Hegemonie und die Parallelitäten zum Grünen Kapitalismus in Kombination mit der kapitalistischen Vorgehensweise, eine klare Sprache. Zudem wird seitens der westlichen Welt ausschließlich die Weiterentwicklung im wirtschaftlichen Sinne verstanden – durch die Beteiligung von IWF und Weltbank mitverursacht – was die Lebenssituation der meisten Menschen nicht verbessert und sie dennoch unter die Kolonisation der westlichen Länder stellt.

Bei der Betrachtung aller Argumente lässt sich meiner Meinung nach feststellen, dass die Ansätze von Desertec bezüglich Nahrungsversorgung und Arbeitsplätze richtig sind und im Falle einer erfolgreichen Umsetzung eine Verbesserung der Lebenssituation der Einheimischen mit sich bringen würden. Jedoch spiegelt sich in der Art und Weise des Vorgehens und den Bedingungen an welche diese Verbesserungen geknüpft sind, ein beinahe definitionsgetreues neokolonialistisches Verhalten wider. Wenn – wie bei Desertec – stets der eigene Vorteil höher bewertet wird als eine Verbesserung der Lebensqualität der Einheimischen, ist die Leitfrage, ob dieses Projekt Neokolonialismus oder Entwicklungshilfe für Nordafrika darstellt, eindeutig in Richtung der neokolonialistischen Ausrichtung zu beantworten.

Dennoch sehe ich das Desertec-Projekt unter der Voraussetzung vorhandener Abnahmeverträge als eine große Chance hinzu einer umweltfreundlichen und kohlenstoffdioxidarmen Energieversorgung an. Positiv finde ich zudem, dass sich die Abhängigkeit zu anderen Energielieferanten, wie beispielsweise Russland, zunehmend verringert. Um der von Feindschaften und Aufständen bis hin zu Bürgerkriegen geprägten Region eine Zukunft zu ermöglichen, ist ein Verzicht auf europäischer Hilfe kaum möglich. In der heutigen kapitalistischen Welt ist es undenkbar, einer Region Hilfe für eine bessere Lebensführung zu bieten, ohne eine Gegenleistung hierfür zu erhalten, weshalb ich in der Zielsetzung von Desertec für beide Seiten ein großes Entwicklungspotenzial erkenne. Zudem würde das Projekt das größte Hindernis bei erneuerbaren Energien – die unregelmäßige Versorgung – nahezu vergessen machen und damit einen wesentlichen Beitrag hin zur Energiewende leisten.

5. Literaturverzeichnis

(Online-)Bücherquellen:

Angenendt, Steffen / Popp, Silvia (2012): Jugendarbeitslosigkeit in nordafrikanischen Ländern. Trends, Ursachen und Möglichkeiten für entwicklungspolitisches Handeln. Berlin, https://www.swp-berlin.org/fileadmin/contents/products/aktuell/2012A34_adt_pop.pdf (15. Mai 2018)

Candeias, Mario (2013): Nachhaltigkeit. Grüne Transformation. New York, http://www.rosalux-nyc.org/wp-content/files_mf/analysis_green_transformationdeu.pdf (13. Mai 2018)

Deutsches Zentrum für Luft- und Raumfahrt, Institut für Technische Thermodynamik, Abteilung Systemanalyse und Technikbewertung (2009): Solarstromimporte aus der Wüste. o.O, http://www.dlr.de/dlr/Portaldata/1/Resources/documents/Fragen_zum_Solarstromimport.pdf (14. Mai 2018)

Dr.-Ing. Hueck, Ulrich (2013): Solar-Vision DESERTEC – Wenn Ingenieure darüber nachdenken. München, http://www.verein-der-ingenieure.de/fileadmin/mediapool_vdi/arbeitskreise/aktuelles-forum-technik/doc/desertec-1.pdf (11. Mai 2018)

Dr. Mshana, Rogate (1994): Wirtschaftlicher Neokolonialismus durch Strukturanpassungsprogramme in Afrika. In: Präsidium der Nordelbischen Synode, Evangelischer Presseverband Nord e.V. Kiel: Weltwirtschaft und Gerechtigkeit, Kiel, 56-65

Düren, Michael (2017): Understanding the Bigger Energy Picture. DESERTEC and Beyond. Gießen, https://link.springer.com/content/pdf/10.1007%2F978-3-319-57966-5.pdf (14. Mai 2018)

Foundation, Desertec (2018): Global „Energiewende". The DESERTEC Concept for Climate Protection and Development. o.O., https://issuu.com/global_marshall_plan/docs/desertec_atlas_global_energiewende/1?ff=true&e=0/8616938 (15. Mai 2018)

Frieß, Daniel (2012): DAS DESERTEC-PROJEKT UND DER ARABISCH-FRANKOPHONE MAGHREB AM FALLBEISPIEL: MAROKKO. Dresden, http://www.qucosa.de/fileadmin/data/qucosa/documents/22051/Stex%20Arbeit%20Das%20Desertec%20Projekt%20und%20der%20arabisch-frankophone%20Maghreb%20Finale%202.pdf (22. Mai 2018)

Hess, Denis (2013): Fernübertragung regelbarer Solarenergie von Nordafrika nach Mitteleuropa. Stuttgart, https://d-nb.info/1043688757/34 (16. Mai 2018)

Kabra, Carolin (2010): Solarthermie. Eine Untersuchung zur arabischen Terminologie. Leipzig, http://www.qucosa.de/fileadmin/data/qucosa/documents/12414/DA_Kabra.pdf (15. Mai 2018)

Kaufmann, Stephan / Müller, Tadzio (2009): Grüner Kapitalismus. Krise, Klimawandel und kein Ende des Wachstums. Berlin, https://www.rosalux.de/fileadmin/rls_uploads/pdfs/Reihe_21/R21GruenerKapitalismus.pdf (16. Mai 2018)

Koczy, Ute (2010): Desertec – Traum oder Alptraum. Entwicklungspolitische Anforderungen an ein Projekt der Superlative. Lübeck, http://www.markus-tressel.de/fileadmin/media/MdB/utekoczy_de/willkommen/in_der_region/pdfdokumente/desertec_traum_oder_alptraum/desertec_traum_oder_alptraum.pdf (11. Mai 2018)

Loewe Markus / Strupat, Christoph (2017): Keine Stabilität ohne soziale Sicherheit. Die aktuelle Kolumne. Bonn, https://www.die-gdi.de/uploads/media/Deutsches_Institut_fuer_Entwicklungspolitik_Loewe_Strupat_27.10.2017.pdf (15. Mai 2018)

Nkrumah, Kwame (1965): Neo-Colonialism. The Last Stage of imperialism. London, https://politicalanthro.files.wordpress.com/2010/08/nkrumah.pdf (14. Mai 2018)

Pitz-Paal, Robert (2014): Projekt DESERTEC - Technisch sinnvoll und bezahlbar?. o.O., http://elib.dlr.de/91316/1/Desertec.pdf (10. Mai 2018)

Prof. Dr. Dr.-Ing. habil Müller-Steinhagen, Hans (2009): DESERTEC: Strom aus der Wüste für eine Klima und Ressourcen schonende Energieversorgung Europas. Dresden, https://tu-dresden.de/ressourcen/dateien/studium/career/careerservice/presse/2011/industrie/desertec?lang=de (11. Mai 2018)

Quitzow, Rainer / Röhrkasten, Sybille / Jacobs, David, u.a. (2016): Die Zukunft der Energieversorgung in Afrika. Potenzialabschätzung und Entwicklungsmöglichkeiten der erneuerbaren Energien. Potsdam, http://www.iass-potsdam.de/sites/default/files/files/studie_maerz_2016_die_zukunft_der_afrikanischen_energieversorgung_web.pdf (12. Mai 2018)

Rauch, Ernst (2010): Wüstenstrom-Projekt Desertec. Eggenfelden, http://www.wj-rottal-inn.de/images/2010/desertecvortrag.pdf (11. Mai 2018)

Scholvin, Sören (2009): Desertec: Wirtschaftliche Dynamik und politische Stabilität durch Solarkraft?. o.O., https://www.giga-hamburg.de/de/publication/desertec-wirtschaftliche-dynamik-und-politische-stabilität-durch-solarkraft (10. Mai 2018)

Walter, Katrin / Bosch Stephan (2012): Energietransport – GIS-gestützte Identifikation optimaler Stromleitungstrassen zwischen Nordafrika und Europa. Augsburg, https://gispoint.de/fileadmin/user_upload/paper_gis_open/AGIT_2012/537520099.pdf (11. Mai 2018)

Internetartikel:

Borchers, Jens (2014): Desertec stirbt, die Wüste lebt. http://www.deutschlandfunk.de/marokko-desertec-stirbt-die-wueste-lebt.1773.de.html?dram:article_id=300330 (15. Mai 2018)

Bundesministerium für Wirtschaft und Energie (2016): Rekord für Wind, Sonne und Co.. https://www.bmwi-energiewende.de/EWD/Redaktion/Newsletter/2016/06/Meldung/infografik.html (16. Mai 2018)

Bundeszentrale für politische Bildung (2012): Kolonialismus und Postkolonialismus: Schlüsselbegriffe der aktuellen Debatte. http://www.bpb.de/apuz/146971/kolonialismus-und-postkolonialismus?p=all (15. Mai 2018)

Dembowski, Hans (2017): Radikalismus ist nicht immer falsch. https://www.dandc.eu/de/article/afrikas-jugend-braucht-jobs-und-die-ursachen-von-arbeitslosigkeit-muessen-angegangen-werden (15. Mai 2018)

Desertec (2018): Desertec. The Vision. http://www.desertec.org (25. Mai 2018)

Desertec (2018): The Desertec-Concept. http://www.desertec.org/the-concept (15. Mai 2018)

Dpa (2012): Islamisten töten entführten Deutschen. https://www.zeit.de/gesellschaft/zeitgeschehen/2012-05/nigeria-geisel-islamisten-2 (15. Mai 2018)

Frankfurter Allgemeine (2014): Der Traum vom Wüstenstrom ist gescheitert. http://www.faz.net/aktuell/wirtschaft/wirtschaftspolitik/wuestenstrom-projekt-desertec-ist-gescheitert-13207437.html (15. Mai 2018)

Gabler Wirtschaftslexikon (2018): Neokolonialismus. Ausführliche Definition. https://wirtschaftslexikon.gabler.de/definition/neokolonialismus-39344/version-262755 (15. Mai 2018)

Gardizi, Farid (2009): UNESCO-Report 2009: Sauberes Wasser wird knapper. http://www.unesco.de/wissenschaft/bis-2009/uho-0309-unesco-wasserbericht.html (15. Mai 2018)

Georg, Hans (2014): Ein gescheitertes Energie-Schlüsselprojekt. http://www.nrhz.de/flyer/beitrag.php?id=20898 (15. Mai 2018)

Härtwig, Nadin (2009): Das Desertec-Projekt. „Blutiger Strom" befürchtet. https://www.n-tv.de/politik/pressestimmen/Blutiger-Strom-befuerchtet-article409985.html (05.05.2018)

Heeg, Thiemo (2010): Vom Öl- zum Solarbaron. http://www.faz.net/aktuell/wirtschaft/larry-hagman-vom-oel-zum-solarbaron-11065930.html (15. Mai 2018)

Lambertz, Johannes / Schiffer, Hans-Wilelm / Serdarusic, Ivan, u.a. (2018): Vgl. Flexibilität von Kohle- und Gaskraftwerken zum Ausgleich von Nachfrage- und Einspeiseschwankungen. Einspeiseschwankungen. http://www.et-energie-online.de/Zukunftsfragen/tabid/63/NewsId/238/Flexibilitat-von-Kohle-und-Gaskraftwerken-zum-Ausgleich-von-Nachfrage-und-Einspeiseschwankungen.aspx (22. Mai 2018)

Mando (2018): Potenzial der Sonnenenergie. http://www.mando-eeg.de/wissenswertes/109-potenzial-der-sonnenenergie.html (22. Mai 2018)

Magenheim, Thomas (2015): Desertec glaubt noch an die Sonne. http://www.fr.de/wirtschaft/solarstrom-desertec-glaubt-noch-an-die-sonne-a-473650 (06.05.2018)

Onetz (2012): Solarstrom viel zu teuer. https://www.onetz.de/deutschland-und-die-welt-r/archiv/rwe-chef-foerderung-so-sinnvoll-wie-ananas-zuechten-in-alaska-solarstrom-viel-zu-teuer-d830037.html (15. Mai 2018)

Quaschning, Volker (2018): Erneuerbare Energien und Klimaschutz. https://www.volker-quaschning.de/datserv/CO2/index.php (16. Mai 2018)

Roger (2018): Realitätscheck bei Desertec. https://unbesorgt.de/realitaetscheck-bei-desertec/ (15. Mai 2018)

Schattenblick (2010): Neokolonialismus – Desertec-Projekt in besetzten Gebieten (SB). http://www.schattenblick.de/infopool/umwelt/meinung/umme-148.html (15. Mai 2018)

Spiegel online (2009): Weltbank plant Solaroffensive. http://www.spiegel.de/wirtschaft/unternehmen/milliardenprojekt-weltbank-plant-solaroffensive-a-666261.html (23. Mai 2018)

Statista (2018): Anzahl der Sonnenstunden in Deutschland nach Bundesländern im Jahr 2017. https://de.statista.com/statistik/daten/studie/249925/umfrage/sonnenstunden-im-jahr-nach-bundeslaendern/ (16. Mai 2018)

Strassenmagazin, Surprise (2011): Hochzeitszeit. Viele Paare über ihren schönsten Tag. https://issuu.com/surprise/docs/surprise_247 (16. Mai 2018)

Taz (2009): Strom aus der Wüste. http://www.taz.de/!5162351/ (16. Mai 2018)

Vorholz, Fritz (2012): Wüstenstrom, eine Fata-Morgana?. https://www.zeit.de/2012/18/GL-Desertec (15. Mai 2018)

Wikipedia (2018): Desertec. https://de.wikipedia.org/wiki/Desertec (15. Mai 2018)

Wikipedia (2018): Neokolonialismus. https://de.wikipedia.org/wiki/Neokolonialismus (08. Mai 2018)

Wikipedia (2018): Photovoltaik in Deutschland. Entwicklung, Zubau und tatsächliche Einspeisung in Deutschland. https://de.wikipedia.org/wiki/Photovoltaik_in_Deutschland (22. Mai 2018)

Wikipedia (2018): Postkolonialismus. https://de.wikipedia.org/wiki/Postkolonialismus (11. Mai 2018)

Ze.tt (2017): Das sind 2017 die am schnellsten wachsenden Volkswirtschaften. https://ze.tt/das-sind-2017-die-am-schnellsten-wachsenden-volkswirtschaften/ (15. Mai 2018)

Zeit Online (2015): „Wir sind im Begriff, den Regenwald aufzuessen". https://www.zeit.de/wissen/umwelt/2015-05/club-of-rome-bericht-tropenwaelder (15. Mai 2018)

Videoquellen:

HYPERRAUMTV: NOOR – das größte Sonnenkraftwerk der Erde. YouTube, 16.04.2017, Web, 14. Mai 2018 22:27, in: https://www.youtube.com/watch?v=4t7EHqP2_v8

Lesch, Harald; Trieb, Franz: Strom aus der Wüste. Harald Lesch & Franz Trieb. YouTube, 12.11.2017, Web, 14. Mai 2018 21:40, in: https://www.youtube.com/watch?v=0NPbNpNCD1s

Natur & Geschichte, Terra X: Solarstrom für alle aus der Wüste? / Dirk Steffens. YouTube, 10.12.2017, Web, 14. Mai 2018 22:41, in: https://www.youtube.com/watch?v=6Pk3cx4qTyE

Physik, Welt Der: Desertec (Teil 1) – Technologie für Strom aus der Wüste. YouTube, 07.09.2010, Web, 14. Mai 2018 22:35, in: https://www.youtube.com/watch?v=TR7cdB4Fv8w

Physik, Welt Der: Desertec (Teil 2) – ein neues Netz für Europa. YouTube, 07.09.2010, Web, 14. Mai 2018 22:37, in: https://www.youtube.com/watch?v=whzEspEzqg4

Spiegel TV: Strom aus der Wüste: Das gigantische „Desertec"-Projekt – SPIEGEL TV. YouTube, 06.04.2011, Web, 14. Mai 2018 22:12, in: https://www.youtube.com/watch?v=eWk34cIXgWs

Thought, The Daily: #15 Wüstenstrom aus der Sahara? Desertec reloaded? (Harald Lesch und Franz Trieb). YouTube, 16.01.2018, Web, 14. Mai 2018 22:30, in: https://www.youtube.com/watch?v=UPknI0Kw4f0

Winter, Ludger: Energiewende Desertec Strom in der Wüste herstellen für ganz Europa Lehrfilm. YouTube, 09.05.2011, Web, 14. Mai 2018 22:17, in: https://www.youtube.com/watch?v=jQ6R5uE-kNE

Xandersons: DESERTec – Doku – Operation Wüstenstrom – Das Milliardengeschäft. YouTube, 15.01.2011, Web, 14. Mai 2018 22:24, in: https://www.youtube.com/watch?v=yKlkkmKfjYE

6. Anhang

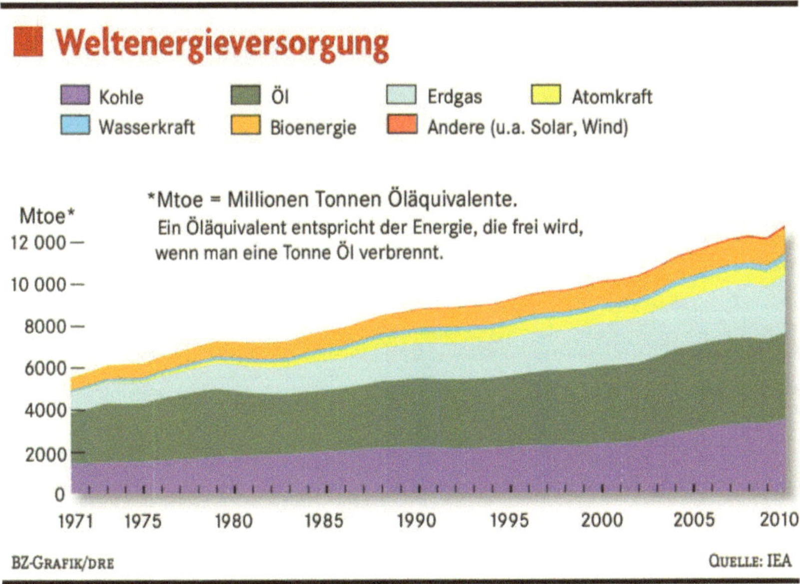

Abbildung 1: Weltenergieversorgung
Quelle: https://www.badische-zeitung.de/wirtschaft-3/sparen-ist-die-billigste-energiequelle--65579118.html (08.05.2018)

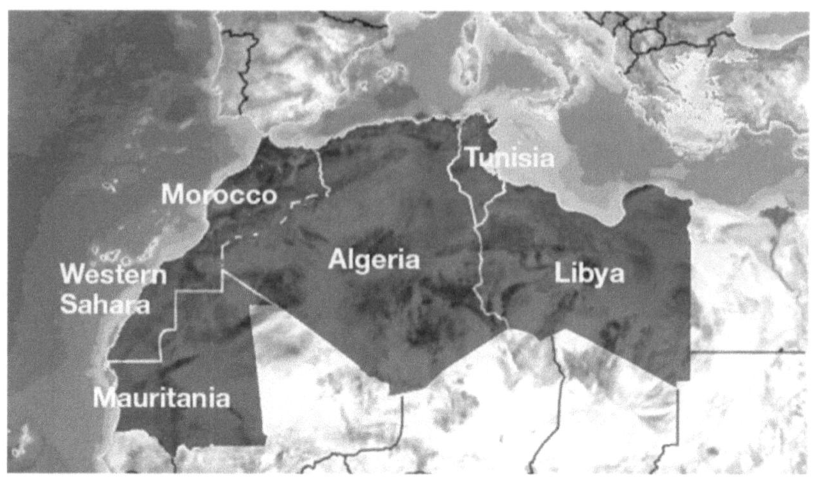

Abbildung 2: MAGHREB-Region
Quelle: http://studies.aljazeera.net/en/reports/2015/01/201512713642692743.html (08.05.2018)

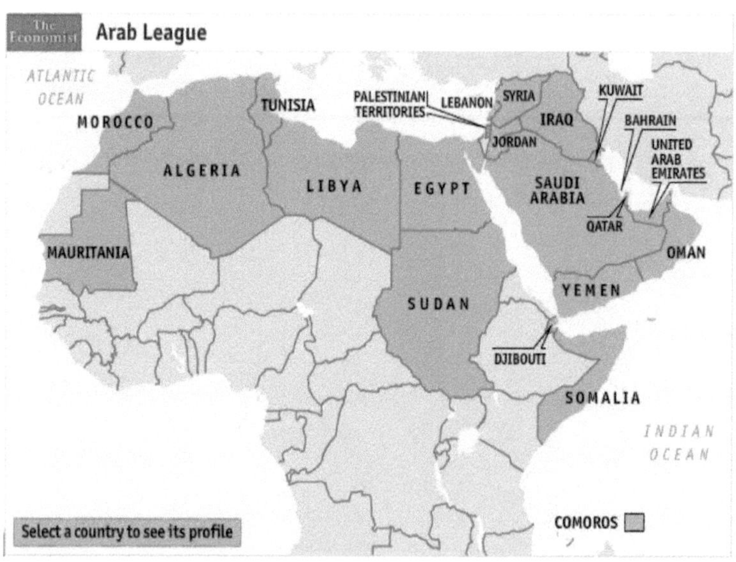

Abbildung 3: MENA-Region
Quelle: https://anyasword.wordpress.com/2011/03/03/mapping-unrest-in-the-mena-region/ (11.05.2018)

Abbildung 4: Parabolrinnenkraftwerk
Quelle: https://www.elektronikpraxis.vogel.de/index.cfm?pid=11180&pk=126333&type=article&fk=124356 (09.05.2018)

Abbildung 5: Turmkraftwerk
Quelle: http://www.dlr.de/dlr/desktopdefault.aspx/tabid-10262/373_read-20529#/gallery/25328 (15.05.2018)

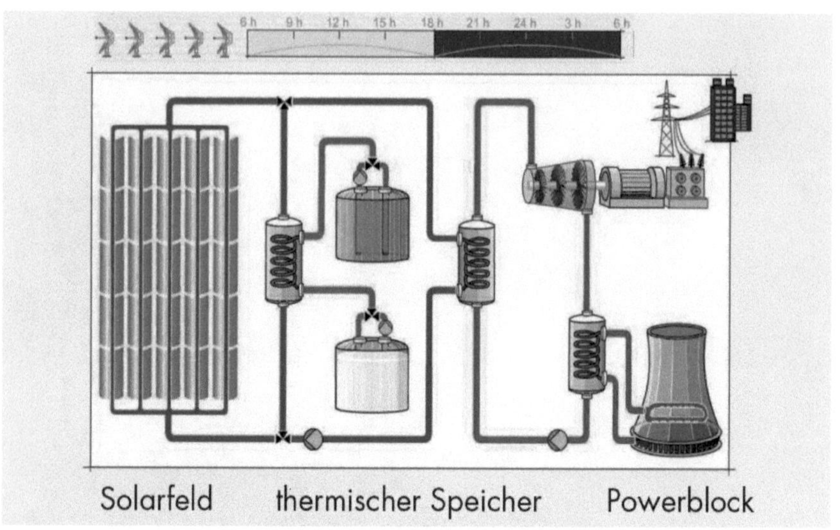

Abbildung 6: Funktionsweise eines Parabolrinnenkraftwerks,
Quelle: http://www.bine.info/publikationen/publikation/solarthermische-kraftwerke-werden-praxis/andasol-i-das-erste-parabolrinnenkraftwerk-in-europa/ (6. September 2018)

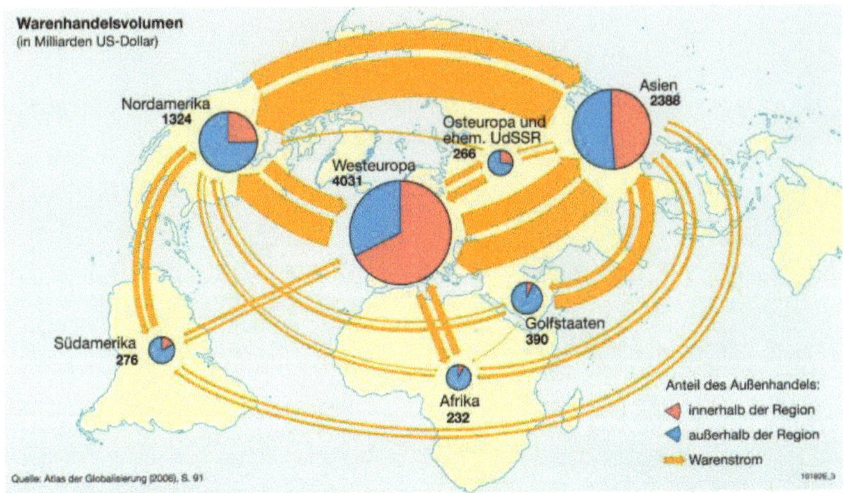

Abbildung 7: Warenhandelsvolumen, Quelle: https://media.diercke.net/omeda/800/10192E_3.jpg (25. Mai 2018)

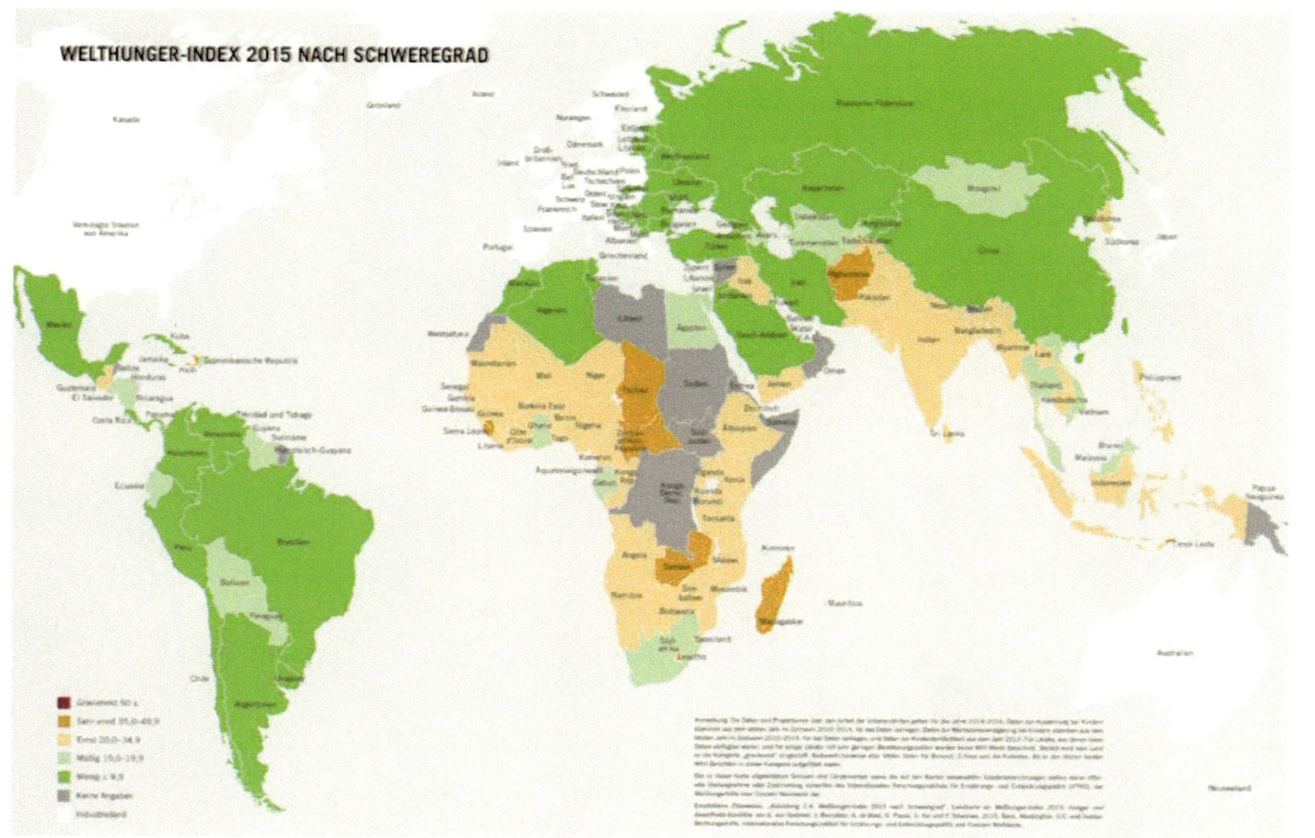

Abbildung 8: Welthunger-Index 2015,
Quelle: https://commons.wikimedia.org/wiki/File:WHI_2015_-_Hungerwerte_im_Jahr_2015.jpg (6. September 2018)